양식 조리기능사

실기

다락원

머리말

　요리하기 위해 들어간 부엌에서 하얀 접시를 발견합니다. 냉장고에서 재료를 꺼내 그 접시 위에 놓습니다. 재료만 봐서는 어떤 요리가 될지 상상할 수 없지만 요리하는 사람의 숙련도와 좋은 재료에 따라 완성도와 맛이 달라질 것입니다. 조리기술도 마찬가지입니다. 조리기능사를 준비하는 수험생들이 아직 채워지지 않은 접시를 어떻게 채울지는 어떻게 공부하느냐에 달려있습니다.

　조리기능사는 요리에 있어서 기본적인 과정이지만 처음 요리를 시작하면 재료 손질법부터 양념, 썰기 등 배워야 할 것도 많고 어렵습니다. 뭐든지 그냥 얻어지는 것은 없지만 노력은 배신하지 않습니다. 조금이라도 도움이 되고자 저의 노하우를 토대로, 처음 응시하는 이들에게 실기시험의 길잡이가 될 수 있도록 수험자가 꼭 알아야 할 사항들로만 구성하여 실기교재를 집필하였습니다.

　이 교재는 학원이나 전문학교에서 수업교재로 사용할 수 있도록 기본적인 공정과 제조 시 중요한 합격 포인트를 작성해 두었습니다. 전체적인 흐름을 이해하고 합격 포인트를 암기하는 방식으로 공부한다면 양식조리기능사 자격증 취득에 좋은 결과가 있을 것입니다.

　자세한 설명과 채점기준을 완벽하게 반영하였습니다. 계속적으로 시험기준을 꼼꼼하게 분석하고 앞서 연구하고 노력할 것입니다. 모든 예비 조리기능사들을 응원합니다.

시험안내

지참준비물 CHECK LIST

양식	가위, 강판, 거품기, 계량스푼, 계량컵, 국대접, 국자, 냄비, 다시백, 도마, 뒤집개, 랩, 마스크, 면포/행주, 밥공기, 볼(bowl), 비닐백, 상비의약품, 쇠조리(혹은 체), 숟가락, 앞치마, 위생모, 위생복, 위생타월, 이쑤시개, 접시, 젓가락, 종이컵, 종지, 주걱, 집게, 채칼(box grater), 칼, 테이블스푼, 호일, 후라이팬

※ 지참준비물의 수량은 최소 필요수량이므로 수험자가 필요시 추가 지참 가능합니다.
※ 지참준비물은 일반적인 조리용을 의미하며, 기관명, 이름 등 표시가 없는 것이어야 합니다.
※ 지참준비물 중 수험자 개인에 따라 과제를 조리하는데 불필요하다고 판단되는 조리기구는 지참하지 않아도 됩니다.
※ 지참준비물 목록에는 없으나 조리에 직접 사용되지 않는 조리 주방용품(예, 수저통 등)은 지참 가능합니다.
※ 수험자지참준비물 이외의 조리기구를 사용한 경우 채점대상에서 제외(실격)됩니다.

수험자 유의사항

1. 만드는 순서에 유의하며, 위생과 숙련된 기능평가를 위하여 조리작업 시 맛을 보지 않습니다.
2. 지정된 수험자지참준비물 이외의 조리기구나 재료를 시험장 내에 지참할 수 없습니다.
3. 지급재료는 시험 전 확인하여 이상이 있을 경우 시험위원으로부터 조치를 받고 시험 중에는 재료의 교환 및 추가지급은 하지 않습니다.
4. 요구사항 및 지급재료의 규격은 "정도"의 의미를 포함하며, 재료의 크기에 따라 가감하여 채점됩니다.
5. 위생복, 위생모, 앞치마, 마스크를 착용하여야 하며, 시험장비·조리기구 취급 등 안전에 유의합니다.
6. 다음 사항은 실격에 해당하여 채점 대상에서 제외됩니다.

   ① 수험자 본인이 시험 도중 시험에 대한 포기 의사를 표현하는 경우
   ② 위생복, 위생모, 앞치마, 마스크를 착용하지 않은 경우
   ③ 시험시간 내에 과제 두 가지를 제출하지 못한 경우
   ④ 문제의 요구사항대로 과제의 수량이 만들어지지 않은 경우
   ⑤ 완성품을 요구사항의 과제(요리)가 아닌 다른 요리(예 달걀말이→달걀찜)로 만든 경우
   ⑥ 불을 사용하여 만든 조리작품이 작품특성에서 벗어나는 정도로 타거나 익지 않은 경우
   ⑦ 해당과제의 지급재료 이외 재료를 사용하거나 요구사항의 조리기구(석쇠 등)로 완성품을 조리하지 않은 경우
   ⑧ 지정된 수험자지참준비물 이외의 조리기술에 영향을 줄 수 있는 기구를 사용한 경우
   ⑨ 가스레인지 화구 2개 이상(2개 포함) 사용한 경우
   ⑩ 시험 중 시설·장비(칼, 가스레인지 등) 사용 시 시험위원 및 타수험자의 시험 진행에 위해를 일으킬 것으로 시험위원 전원이 합의하여 판단한 경우
   ⑪ 요구사항에 표시된 실격 및 부정행위에 해당하는 경우

7. 항목별 배점은 위생상태 및 안전관리 5점, 조리기술 30점, 작품의 평가 15점입니다.
8. 시험시작 전 가벼운 몸 풀기(스트레칭) 동작으로 긴장을 풀고 시험을 시작합니다.

👨‍🍳 위생상태 및 안전관리 세부기준 안내

순번	구분	세부기준

1	위생복 상의	• 전체 흰색, 손목까지 오는 긴소매
		  – 조리과정에서 발생 가능한 안전사고(화상 등) 예방 및 식품위생(체모 유입방지, 오염도 확인 등) 관리를 위한 기준 적용
		  – 조리과정에서 편의를 위해 소매를 접어 작업하는 것은 허용
		  – 부직포, 비닐 등 화재에 취약한 재질이 아닐 것, 팔토시는 긴팔로 불인정
		• 상의 여밈은 위생복에 부착된 것이어야 하며 벨크로(일명 찍찍이), 단추 등의 크기, 색상, 모양, 재질은 제한하지 않음(단, 핀 등 별도 부착한 금속성은 제외)

2	위생복 하의	• 색상·재질무관, 안전과 작업에 방해가 되지 않는 발목까지 오는 긴바지 – 조리기구 낙하, 화상 등 안전사고 예방을 위한 기준 적용
3	위생모	• 전체 흰색, 빈틈이 없고 바느질 마감처리가 되어 있는 일반 조리장에서 통용되는 위생모(모자의 크기, 길이, 모양, 재질(면·부직포 등)은 무관)
4	앞치마	• 전체 흰색, 무릎 아래까지 덮이는 길이 – 상하일체형(목끈형) 가능, 부직포·비닐 등 화재에 취약한 재질이 아닐 것
5	마스크	• 침액을 통한 위생상의 위해 방지용으로 종류는 제한하지 않음 (단, 감염병 예방법에 따라 마스크 착용 의무화 기간에는 '투명 위생 플라스틱 입가리개'는 마스크 착용으로 인정하지 않음)
6	위생화 (작업화)	• 색상 무관, 굽이 높지 않고 발가락·발등·발뒤꿈치가 덮여 안전사고를 예방할 수 있는 깨끗한 운동화 형태
7	장신구	• 일체의 개인용 장신구 착용 금지(단, 위생모 고정을 위한 머리핀 허용)
8	두발	• 단정하고 청결할 것, 머리카락이 길 경우 흘러내리지 않도록 머리망을 착용하거나 묶을 것
9	손/손톱	• 손에 상처가 없어야 하나, 상처가 있을 경우 보이지 않도록 할 것(시험위원 확인 하에 추가 조치 가능) • 손톱은 길지 않고 청결하며 매니큐어, 인조손톱 등을 부착하지 않을 것
10	폐식용유 처리	• 사용한 폐식용유는 시험위원이 지시하는 적재장소에 처리할 것
11	교차오염	• 교차오염 방지를 위한 칼, 도마 등 조리기구 구분 사용은 세척으로 대신하여 예방할 것 • 조리기구에 이물질(테이프 등)을 부착하지 않을 것
12	위생관리	• 재료, 조리기구 등 조리에 사용되는 모든 것은 위생적으로 처리하여야 하며, 조리용으로 적합한 것일 것
13	안전사고 발생 처리	• 칼 사용(손 벰) 등으로 안전사고 발생 시 응급조치를 하여야 하며, 응급조치에도 지혈이 되지 않을 경우 시험진행 불가
14	눈금표시 조리도구	• 눈금표시된 조리기구 사용 허용(실격 처리되지 않음, 2022년부터 적용) (단, 눈금표시에 재어가며 재료를 쓰는 조리작업은 조리기술 및 숙련도 평가에 반영)
15	부정 방지	• 위생복, 조리기구 등 시험장 내 모든 개인물품에는 수험자의 소속 및 성명 등의 표식이 없을 것(위생복의 개인 표식 제거는 테이프로 부착 가능)
16	테이프 사용	• 위생복 상의, 앞치마, 위생모의 소속 및 성명을 가리는 용도로만 허용

※ 위 내용은 안전관리인증기준(HACCP) 평가(심사) 매뉴얼, 위생등급 가이드라인 평가 기준 및 시행상의 운영사항을 참고하여 작성된 기준입니다.

차례

양식조리기능사

양식
조리기능사

NCS 양식
소스조리

20
시험시간 : 20분

요구사항

1 다지는 재료는 0.2cm의 크기로 하고 파슬리는 줄기를 제거하여 사용하시오.

2 소스는 농도를 잘 맞추어 100mL 이상 제출하시오.

재료

- [ ] 마요네즈 70g
- [ ] 오이피클(개당 25~30g) 1/2개
- [ ] 양파(중, 150g) 1/10개
- [ ] 파슬리(잎, 줄기포함) 1줄기
- [ ] 달걀 1개
- [ ] 소금(정제염) 2g
- [ ] 흰후춧가루 2g
- [ ] 레몬(길이(장축)로 등분) 1/4개
- [ ] 식초 2mL

합격 포인트

1 소스를 숟가락으로 가르고 탕탕 쳤을 때 일직선이 되도록 농도를 맞춘다.

2 채소의 물기 제거에 유의한다.

3 모든 재료는 곱게 다진다.

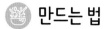 만드는 법

1 달걀을 삶는다.

2 양파, 오이피클, 파슬리는 각각 곱게 다진다
（양파는 소금에 절여 물기 제거）.

3 흰자는 곱게 다지고, 노른자 체에 내린다.

4 달걀 다진 것, 오이피클, 양파, 마요네즈, 소
금, 흰후춧가루를 넣고 버무린 후 레몬즙으
로 농도를 맞추고 파슬리를 섞어 완성한다.

02 사우전 아일랜드 드레싱
Thousand island dressing

요구사항

1 드레싱은 핑크빛이 되도록 하시오.
2 다지는 재료는 0.2cm 크기로 하시오.
3 드레싱은 농도를 잘 맞추어 100mL 이상 제출하시오.

재료

- [ ] 마요네즈 70g
- [ ] 오이피클(개당 25~30g) 1/2개
- [ ] 양파(중, 150g) 1/6개
- [ ] 토마토케첩 20g
- [ ] 소금(정제염) 2g
- [ ] 흰후춧가루 1g
- [ ] 레몬(길이(장축)로 등분) 1/4개
- [ ] 달걀 1개
- [ ] 청피망(중, 75g) 1/4개
- [ ] 식초 10mL

 합격 포인트

1 소스의 농도가 너무 묽거나 되지 않아야 하고, 핑크빛이 잘 나타나야 한다.

2 채소의 물기 제거에 유의한다.

3 모든 재료는 곱게 다진다.

🍲 만드는 법

1 달걀을 삶는다.

2 양파, 오이피클, 청피망을 곱게 다진다(양파
는 소금에 절여 물기 제거, 나머지는 물기만
제거).

3 흰자는 곱게 다지고, 노른자는 체에 내린다.

4 볼에 마요네즈와 케첩을 3:1 비율로 잘 섞고
달걀, 양파, 피클, 피망을 섞고 소금과 흰후
춧가루를 넣어 간을 한 후 레몬즙과 식초를
넣어 농도를 맞춰 완성한다.

용어공부

드레싱 : 샐러드·냉요리·전채 등에 사용되는 냉소스, 소스
의 한 종류

03 월도프 샐러드
Waldorf salad

NCS 양식
샐러드조리

20

시험시간 : 20분

👨‍🍳 요구사항

1️⃣ 사과, 셀러리, 호두알을 1cm의 크기로 써시오.

2️⃣ 사과의 껍질을 벗겨 변색되지 않게 하고, 호두알의 속껍질을 벗겨 사용하시오.

3️⃣ 상추 위에 월도프 샐러드를 담아내시오.

 재료

- [ ] 사과(200~250g) 1개
- [ ] 셀러리 30g
- [ ] 호두(중, 겉껍질 제거한 것) 2개
- [ ] 레몬(길이(장축)로 등분) 1/4개
- [ ] 소금(정제염) 2g
- [ ] 흰후춧가루 1g
- [ ] 마요네즈 60g
- [ ] 양상추(2잎, 잎상추로 대체가능) 20g
- [ ] 이쑤시개 1개

합격 포인트

1 사과의 변색에 유의한다.

2 사과의 물기를 잘 제거하여 마요네즈가 흘러내리지 않도록 한다.

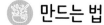

🍲 만드는 법

1 호두는 따뜻한 물에 불려 껍질을 벗기고 1cm 크기로 자른다.

2 셀러리는 섬유질 제거 후 사방 1cm로 자른다.

3 사과는 껍질을 벗겨 사방 1cm 정육면체로 썰어 레몬즙 탄 물에 담근다.

4 사과 + 셀러리 + 호두 + 마요네즈 + 소금 + 흰후추 + 레몬즙을 넣고 버무린다(사과 물기 제거).

5 접시에 양상추를 깔고 버무린 샐러드를 담아 완성한다.

04 치즈 오믈렛
Cheese omelet

NCS 양식
조식조리

20

시험시간 : 20분

🍳 요구사항

1️⃣ 치즈는 사방 0.5cm로 자르시오.

2️⃣ 치즈가 들어가 있는 것을 알 수 있도록 하고, 익지 않은 달걀이 흐르지 않도록 만드시오.

3️⃣ 나무젓가락과 팬을 이용하여 타원형으로 만드시오.

재료

- [ ] 달걀 3개
- [ ] 치즈(가로, 세로 8cm) 1장
- [ ] 버터(무염) 30g
- [ ] 식용유 20mL
- [ ] 생크림(동물성) 20mL
- [ ] 소금(정제염) 2g

합격 포인트

1 반으로 갈랐을 때 달걀물이 흐르지 않는 상태(반숙)가 되도록 한다.

2 익힌 오믈렛이 갈라지거나 굳어지지 않고 표면이 매끄러워야 한다.

만드는 법

1 치즈는 사방 0.5cm 크기로 자른다.

2 달걀을 잘 푼 뒤 소금을 섞어 체에 내린다.

3 체에 내린 달걀에 생크림, 치즈 1/2을 섞는다.

4 오믈렛 팬에 식용유 + 버터를 넣어 달구고, 달걀을 넣어 젓가락을 이용해 스크램블 에 그를 만들고, 달걀이 반 정도 익으면 남은 치즈를 넣고 양 끝을 타원형으로 접어 럭비 공 모양을 만들어 완성한다.

용어공부

스크램블 : 마구 저어서 거품을 일게 하거나, 볶는 등의 조작을 이르는 말

05 프렌치 프라이드 쉬림프
French fried shrimp

NCS 양식
전채조리

시험시간 : 25분

🍳 요구사항

1 새우는 꼬리쪽에서 1마디 정도 껍질을 남겨 구부러지지 않게
튀기시오.

2 새우튀김은 4개를 제출하시오.

3 레몬과 파슬리를 곁들이시오.

재료

- [ ] 새우(50~60g) 4마리
- [ ] 밀가루(중력분) 80g
- [ ] 흰설탕 2g
- [ ] 달걀 1개
- [ ] 소금(정제염) 2g
- [ ] 흰후춧가루 2g
- [ ] 식용유 500mL
- [ ] 레몬(길이(장축)로 등분) 1/6개
- [ ] 파슬리(잎, 줄기포함) 1줄기
- [ ] 냅킨(흰색, 기름제거용) 2장
- [ ] 이쑤시개 1개

 합격 포인트

1 튀김반죽에 유의하고, 튀김의 색깔이 깨끗하게 한다.
2 흰자를 많이 넣으면 튀겨서 식히면 튀김옷 모양이 일그러질 수 있다.

만드는 법

1 새우는 내장, 머리를 제거한 후 꼬리 1마디 남기고 껍질을 제거하고, 배쪽에 어슷으로 칼집을 세 번 넣어준 후 소금, 흰후춧가루로 밑간을 한다.

2 달걀의 흰자와 노른자를 분리하고, 노른자에 물, 밀가루, 소금, 설탕을 넣어 섞는다.

3 달걀흰자는 거품을 내어 노른자에 가볍게 섞어 반죽을 만든다.

4 준비된 새우에 밀가루를 묻히고 준비한 달걀을 입혀 황금색으로 튀긴다.

5 접시에 튀김 새우 4마리를 꼬리쪽을 모아서 담고 꼬리쪽 위에 파슬리, 레몬을 장식한다.

06 홀렌다이즈 소스
Hollandaise sauce

NCS 양식
소스조리

25

시험시간 : 25분

🍳 요구사항

1 양파, 식초를 이용하여 허브에센스(herb essence)를 만들어 사용하시오.

2 정제 버터를 만들어 사용하시오.

3 소스는 중탕으로 만들어 굳지 않게 그릇에 담아내시오.

4 소스는 100mL 이상 제출하시오.

🍲 재료

- [ ] 달걀 2개
- [ ] 양파(중, 150g) 1/8개
- [ ] 식초 20mL
- [ ] 검은통후추 3개
- [ ] 버터(무염) 200g
- [ ] 레몬(길이(장축)로 등분) 1/4개
- [ ] 월계수잎 1잎
- [ ] 파슬리(잎, 줄기포함) 1줄기
- [ ] 소금(정제염) 2g
- [ ] 흰후춧가루 1g

합격 포인트

1 소스의 농도에 유의하고, 분리되거나 굳지 않게 한다.

 ## 만드는 법

1 냄비에 물 1/3컵을 넣고 양파 채 + 통후추 으깬 것 + 파슬리줄기 + 월계수잎 + 식초를 넣어 허브에센스를 끓여 거른다.

2 냄비에 따뜻하게 물을 데운 후 잘게 썬 버터를 그릇에 담아 중탕으로 녹인다.

3 달걀노른자에 허브에센스 1큰술을 넣고 한 방향으로 저어준다.

4 달걀의 양이 2~3배가 되면 버터를 조금씩 떨어뜨리며 한쪽 방향으로 저어준다.

5 달걀의 농도가 적당해지면 레몬즙을 넣고 저어주고 소금, 흰후춧가루를 넣어 간을 하고 완성그릇에 담아낸다.

07 이탈리안 미트 소스
Italian meat sauce

NCS 양식
소스조리

30

시험시간 : 30분

 요구사항

1 모든 재료는 다져서 사용하시오.

2 그릇에 담고 파슬리 다진 것을 뿌려내시오.

3 소스는 150mL 이상 제출하시오.

🍲 재료

- ☐ 양파(중, 150g) 1/2개
- ☐ 소고기(살코기, 갈은 것) 60g
- ☐ 마늘 1쪽
- ☐ 토마토(캔, 고형물) 30g
- ☐ 버터(무염) 10g
- ☐ 토마토 페이스트 30g

- ☐ 월계수잎 1잎
- ☐ 파슬리(잎, 줄기포함) 1줄기
- ☐ 소금(정제염) 2g
- ☐ 검은후춧가루 2g
- ☐ 셀러리 30g

합격 포인트

1 각 재료는 곱게 다지고, 소스의 양과 농도에 유의한다.

2 소스 위에 파슬리 가루를 뿌려낸다.

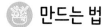

만드는 법

1 양파, 마늘, 셀러리, 토마토, 파슬리는 곱게 다진다.

2 소고기 간 것을 다시 칼로 다진다.

3 냄비에 버터를 두르고 다진 소고기, 양파, 셀러리 순으로 볶다가 불을 줄이고 마늘, 토마토페이스트를 넣어 충분히 볶는다.

4 볶던 냄비에 물 2컵, 다진 토마토, 파슬리 줄기, 월계수잎을 넣어 끓이고, 소스가 걸쭉해지면 파슬리 줄기와 월계수잎을 건져내고 소금, 후추로 간을 한다.

5 완성그릇에 소스를 담고 파슬리 가루를 뿌려낸다.

08 브라운 그래비 소스
Brown gravy sauce

 NCS 양식
소스조리

30

시험시간 : 30분

요구사항

1 브라운 루(brown roux)를 만들어 사용하시오.

2 채소와 토마토 페이스트를 볶아서 사용하시오.

3 소스의 양은 200mL 이상 만드시오.

🍲 재료

- ☐ 밀가루(중력분) 20g
- ☐ 브라운 스톡(물로 대체 가능) 300mL
- ☐ 소금(정제염) 2g
- ☐ 검은후춧가루 1g
- ☐ 버터(무염) 30g
- ☐ 양파(중, 150g) 1/6개
- ☐ 셀러리 20g
- ☐ 당근(둥근 모양이 유지되게 등분) 40g
- ☐ 토마토 페이스트 30g
- ☐ 월계수잎 1잎
- ☐ 정향 1개

합격 포인트

1 체에 내린 브라운 그래비 소스의 농도가 묽을 경우 다시 냄비에 넣고 끓여 농도를 잘 맞추도록 한다.

2 진한 갈색의 브라운 루를 만든다.

3 소스의 농도에 유의하고, 반드시 200mL 이상 제출한다.

🍲 만드는 법

1 양파, 셀러리, 당근은 채 썬다.

2 팬에 버터를 두르고 채 썬 채소를 넣고 갈색이 나게 볶아 접시에 펼쳐 놓는다.

3 팬에 버터와 밀가루를 동량 넣고 볶아 브라운 루를 만든다.

4 냄비에 볶은 채소와 토마토 페이스트를 넣고 잘 섞어 볶다가 육수를 넣어 끓인다.

5 육수를 넣은 냄비에 브라운 루를 넣어 농도를 맞추고 부케가르니(월계수잎, 정향, 양파속대)를 넣어 끓이고 거른 후 소금, 검은후춧가루로 간을 하고 완성한다.

용어공부

부케가르니 : 양파에 월계수잎, 통후추, 정향, 타임, 파슬리 줄기와 같은 것을 사용하여 만든 향초다발

09 해산물 샐러드
Seafood salad

NCS 양식
샐러드조리

30

시험시간 : 30분

👨‍🍳 요구사항

1 미르포아(mirepoix), 향신료, 레몬을 이용하여 쿠르부용(court bouillon)을 만드시오.

2 해산물은 손질하여 쿠르부용(court bouillon)에 데쳐 사용하시오.

3 샐러드 채소는 깨끗이 손질하여 싱싱하게 하시오.

4 레몬 비네그레트는 양파, 레몬즙, 올리브오일 등을 사용하여 만드시오.

재료

- ☐ 새우(30~40g) 3마리
- ☐ 관자살(개당 50~60g, 해동 지급) 1개
- ☐ 피홍합(길이 7cm 이상) 3개
- ☐ 중합(지름 3cm, 모시조개, 백합 등 대체가능) 3개
- ☐ 양파(중, 150g) 1/4개
- ☐ 마늘(중, 깐 것) 1쪽
- ☐ 실파(1뿌리) 20g
- ☐ 그린치커리 2줄기
- ☐ 양상추 10g
- ☐ 롤라로사(꽃(적)상추로 대체가능) 2잎
- ☐ 올리브오일 20mL
- ☐ 레몬(길이(장축)로 등분) 1/4개
- ☐ 식초 10mL
- ☐ 딜(fresh) 2줄기
- ☐ 월계수잎 1잎
- ☐ 셀러리 10g
- ☐ 흰통후추(검은통후추 대체가능) 3개
- ☐ 소금(정제염) 5g
- ☐ 흰후춧가루 5g
- ☐ 당근(둥근 모양이 유지되게 등분) 15g

🧑‍🍳 합격 포인트

1 주재료인 해산물 손질을 정확하게 하고, 해산물의 익는 정도가 다르므로 특징을 살려 익히도록 한다.

2 해산물과 채소를 조화롭게 담고, 레몬 비네그레트를 곁들인다.

만드는 법

1 양상추, 그린치커리, 롤라로사는 찬물에 담가놓는다.

2 피홍합과 중합은 소금물에 담가 해감한다.

3 양파의 일부는 채 썰고, 나머지는 곱게 다진다.

4 당근, 셀러리는 채 썬다.

5 냄비에 물 2컵을 붓고 쿠르브용(채 썬 채소, 마늘, 실파, 월계수잎, 통후추, 레몬)을 넣고 끓인다.

6 관자는 막을 제거한 다음 모양을 살려 3쪽 썰고, 새우는 내장을 제거한다.

7 관자(3쪽), 새우, 중합, 피홍합 순으로 삶는다.

8 다진 양파는 물기를 제거하고 올리브오일, 레몬즙, 식초, 소금, 흰후춧가루를 넣고 레몬 비네그레트 드레싱을 만든다.

9 물에 담가둔 채소들을 꺼내 물기를 제거하고 한 입 크기로 뜯는다.

10 완성접시에 손질한 채소를 담고 해산물을 보기 좋게 담아 레몬 비네그레트를 뿌리고 딜로 장식한다.

<hr>

용어공부

쿠르브용 : 식초나 레몬즙에 여러 향신료와 채소, 물 등을 넣고 끓인 국물로 잡냄새 제거에 이용

비네그레트 : 오일에 식초나 레몬즙 등을 섞어 만든 소스

10 포테이토 샐러드
Potato salad

샐러드조리

30

시험시간 : 30분

요구사항

1 감자는 껍질을 벗긴 후 1cm의 정육면체로 썰어서 삶으시오.

2 양파는 곱게 다져 매운맛을 제거하시오.

3 파슬리는 다져서 사용하시오.

 ## 재료

- ☐ 감자(150g) 1개
- ☐ 양파(중, 150g) 1/6개
- ☐ 파슬리(잎, 줄기 포함) 1줄기
- ☐ 소금(정제염) 5g
- ☐ 흰후춧가루 1g
- ☐ 마요네즈 50g

 ## 합격 포인트

1 양상추, 상추는 지급재료가 아니니 절대 샐러드 밑에 깔지 않는다.

2 감자를 적절하게 익히고, 양파는 매운맛을 제거해야 한다.

3 감자는 식혀서 내기 직전에 마요네즈에 버무려야 완성품의 상태가 좋다.

🌱 만드는 법

1 감자는 껍질을 벗기고 1cm 정육면체로 잘라 물에 담가둔다.

2 물이 끓으면 소금을 넣고 감자를 삶는다(감자는 찬물에 헹구지 않는다).

3 양파와 파슬리는 곱게 다진다(양파는 소금에 절여 물기 제거).

4 그릇에 감자, 양파를 합하고 마요네즈로 버무린 후 소금, 흰후추, 파슬리를 넣고 버무려 완성한다.

11 베이컨, 레터스, 토마토 샌드위치
Bacon, lettuce, tomato sandwich

NCS 양식
샌드위치조리

30

시험시간 : 30분

요구사항

1 빵은 구워서 사용하시오.

2 토마토는 0.5cm 두께로 썰고, 베이컨은 구워서 사용하시오.

3 완성품은 4조각으로 썰어 전량을 제출하시오.

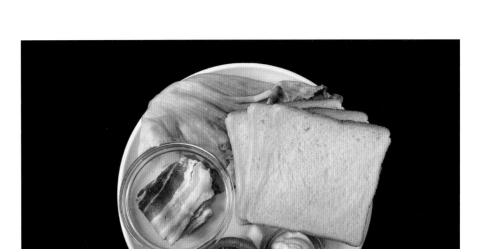

🍲 재료

- ☐ 식빵(샌드위치용) 3조각
- ☐ 양상추(2잎, 잎상추로 대체가능) 20g
- ☐ 토마토(중, 150g, 둥근모양이 되도록 잘라서 지급) 1/2개
- ☐ 베이컨(길이 25~30cm) 2조각
- ☐ 마요네즈 30g
- ☐ 소금(정제염) 3g
- ☐ 검은후춧가루 1g

 합격 포인트

1 썰린 면이 깔끔해야 하고, 속재료가 빠져나오지 않게 한다.

2 마요네즈를 많이 바르면 밀리고 지저분해 보일 수 있다.

3 빵은 약불에서 바삭하게 구워 수분을 최대한 제거해야 썰 때 눌리지 않는다.

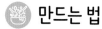 만드는 법

1 토마토는 0.5cm 두께로 동그랗게 썰어 소금, 후추를 뿌려 놓는다.

2 마른 팬에서 식빵 3장을 앞뒤로 약불에서 바삭하게 구워 식힌다.

3 마른 팬에서 베이컨을 살짝 구워 키친타올에 올려 기름을 제거한다.

4 한 면만 마요네즈 빵 + 양상추 + 베이컨 + 앞뒤로 마요네즈 빵 + 양상추 + 토마토 + 한 면 마요네즈 빵을 덮는다.

5 샌드위치를 접시로 눌러 놓는다.

6 칼로 샌드위치의 가장자리를 정리 후 4등분하여 접시에 보기 좋게 담아낸다.

12 햄버거 샌드위치
Hamburger sandwich

요구사항

1 빵은 버터를 발라 구워서 사용하시오.
2 고기는 미디움웰던(medium-wellden)으로 굽고, 구워진 고기의 두께는 1cm로 하시오.
3 토마토, 양파는 0.5cm 두께로 썰고 양상추는 빵 크기에 맞추시오.
4 샌드위치는 반으로 잘라내시오.

 재료

- [ ] 소고기(살코기, 방심) 100g
- [ ] 양파(중, 150g) 1개
- [ ] 빵가루(마른 것) 30g
- [ ] 셀러리 30g
- [ ] 소금(정제염) 3g
- [ ] 검은후춧가루 1g
- [ ] 양상추(2잎, 잎상추로 대체가능) 20g
- [ ] 토마토(중, 150g, 둥근모양이 되도록 잘라서 지급) 1/2개
- [ ] 버터(무염) 15g
- [ ] 햄버거 빵 1개
- [ ] 식용유 20mL
- [ ] 달걀 1개

합격 포인트

1 고기는 곱게 다지고 반죽의 농도를 잘 맞춘다.

2 고기 패티는 햄버거 빵의 크기와 같거나 조금 작게 만들고, 완전히 익힌다.

3 칼에 힘을 주지 않고 톱질하듯이 썰어 썰어진 단면은 매끈해야 하며, 속 재료가 빠져나오지 않아야 한다.

5

6

8

🍳 만드는 법

1 양파는 0.5cm 두께 원형으로 썰고, 남은 것은 다진다.

2 셀러리는 곱게 다진다.

3 토마토는 0.5cm 두께로 동그랗게 썰어 소금, 후추를 뿌린다.

4 소고기는 곱게 다진다.

5 햄버거 빵은 버터를 발라 굽고, 마른 팬에 다진 양파, 셀러리 순으로 수분 없이 볶는다.

6 다진 소고기에 볶은 양파, 볶은 셀러리, 달걀물, 빵가루, 소금, 검은후춧가루를 섞어 치대어 패티를 만든다.

7 팬에 식용유 두르고 패티를 미디움웰던으로 익힌다.

8 빵 → 상추 → 패티 → 토마토 → 양파 → 빵 순서로 올려 햄버거를 만든다.

9 햄버거는 절반을 잘라 앞쪽을 약간 벌려 완성접시에 담는다.

13 미네스트로니 수프
Minestrone soup

NCS 양식
수프조리

30

시험시간 : 30분

요구사항

1 채소는 사방 1.2cm, 두께 0.2cm 정도로 써시오.
2 스트링빈스, 스파게티는 1.2cm 정도의 길이로 써시오.
3 국물과 고형물의 비율을 3:1로 하시오.
4 전체 수프의 양은 200mL 이상으로 하고 파슬리가루를 뿌려
내시오.

🍲 재료

- [ ] 양파(중, 150g) 1/4개
- [ ] 셀러리 30g
- [ ] 당근(둥근 모양이 유지 되게 등분) 40g
- [ ] 무 10g
- [ ] 양배추 40g
- [ ] 버터(무염) 5g
- [ ] 스트링빈스(냉동, 채두 대체가능) 2줄기
- [ ] 완두콩 5알
- [ ] 토마토(중, 150g) 1/8개
- [ ] 스파게티 2가닥
- [ ] 토마토 페이스트 15g
- [ ] 파슬리(잎, 줄기포함) 1줄기
- [ ] 베이컨(길이 25~30cm) 1/2조각
- [ ] 마늘(중, 깐 것) 1쪽
- [ ] 소금(정제염) 2g
- [ ] 검은후춧가루 2g
- [ ] 치킨스톡(물로 대체 가능) 200mL
- [ ] 월계수잎 1잎
- [ ] 정향 1개

합격 포인트

1 재료는 일정한 크기로 썰고 익는 순서를 고려한다.

2 국물과 고형물의 비율은 3:1이 되도록 한다.

🌱 만드는 법

1 스파게티면은 삶고, 베이컨은 데쳐 기름을 제거한다.

2 무, 양파, 양배추, 셀러리, 당근, 베이컨은 1.2×1.2×0.2cm로 썬다.

3 마늘, 파슬리는 다진다.

4 스파게티면, 껍질콩(스프링빈스)은 1.2cm 길이로 썬다.

5 토마토를 데쳐 껍질과 씨를 제거한 후 굵게 다진다.

6 냄비에 버터를 두르고 양파, 무, 셀러리, 양배추, 당근, 마늘 순으로 볶다가 토마토 페이스트를 넣어 볶는다.

7 볶은 냄비에 물을 넣고 토마토 다진 것, 베이컨, 부케가르니(월계수잎, 정향, 양파속대)를 넣어 끓이다 완두콩, 스파게티, 껍질콩을 넣어 끓인다.

8 냄비에서 부케가르니를 건지고 소금, 검은 후춧가루로 간하고 그릇에 담아 파슬리를 뿌려 완성한다.

용어공부

부케가르니 : 양파에 월계수잎, 통후추, 정향, 타임, 파슬리 줄기와 같은 것을 사용하여 만든 향초다발

14 피시 차우더 수프
Fish chowder soup

🧑‍🍳 요구사항

1️⃣ 차우더 수프는 화이트 루(roux)를 이용하여 농도를 맞추시오.

2️⃣ 채소는 0.7cm × 0.7cm × 0.1cm, 생선은 1cm × 1cm × 1cm 크기로 써시오.

3️⃣ 대구살을 이용하여 생선 스톡을 만들어 사용하시오.

4️⃣ 수프는 200mL 이상 제출하시오.

🍲 재료

- ☐ 대구살(해동 지급) 50g
- ☐ 감자(150g) 1/4개
- ☐ 베이컨(길이 25~30cm) 1/2조각
- ☐ 양파(중, 150g) 1/6개
- ☐ 셀러리 30g
- ☐ 버터(무염) 20g
- ☐ 밀가루(중력분) 15g
- ☐ 우유 200mL
- ☐ 소금(정제염) 2g
- ☐ 흰후춧가루 2g
- ☐ 정향 1개
- ☐ 월계수잎 1잎

 합격 포인트

1 수프가 흰색을 띠고 농도가 알맞도록 주의한다.

2 익은 생선살은 완성 직전에 넣어야 부서지지 않는다.

만드는 법

1 생선살은 1×1×1cm 주사위 모양으로 썰고 물이 끓으면 생선살을 넣고 익힌 후 면보에 걸러 생선살과 피쉬 스톡을 각각 준비한다.

2 감자는 0.7×0.7×0.1cm로 썰어 찬물에 담가둔다.

3 양파, 셀러리, 베이컨은 0.7×0.7×0.1cm로 썬다.

4 팬에 버터를 두르고 베이컨 → 양파 → 셀러리 → 감자 순으로 넣고 볶아 접시에 놓는다.

5 냄비에 버터와 밀가루를 동량 넣고 화이트 루를 만든 후 피쉬 스톡을 조금씩 넣어가며 풀어주고 우유를 넣어 농도를 맞춘다.

6 농도를 맞춘 냄비에 볶은 재료(양파, 감자, 셀러리, 베이컨, 생선살)와 부케가르니를 넣고 소금, 흰후춧가루로 간을 한다.

7 부케가르니를 건져내고 완성그릇에 200mL 이상 담아낸다.

용어공부

부케가르니 : 양파에 월계수잎, 통후추, 정향, 타임, 파슬리 줄기와 같은 것을 사용하여 만든 향초다발

15 프렌치 어니언 수프
French onion soup

NCS 양식
수프조리

30

시험시간 : 30분

🧑‍🍳 요구사항

1 양파는 5cm 크기의 길이로 일정하게 써시오.

2 바게트빵에 마늘버터를 발라 구워서 따로 담아내시오.

3 수프의 양은 200mL 이상 제출하시오.

재료

- [ ] 양파(중, 150g) 1개
- [ ] 바게트빵 1조각
- [ ] 버터(무염) 20g
- [ ] 소금(정제염) 2g
- [ ] 검은후춧가루 1g
- [ ] 파마산치즈가루 10g
- [ ] 백포도주 15mL
- [ ] 마늘(중, 깐 것) 1쪽
- [ ] 파슬리(잎, 줄기포함) 1줄기
- [ ] 맑은 스톡(비프스톡 또는 콘소메, 물로 대체 가능) 270mL

 합격 포인트

1 양파는 일정한 굵기로 채 썬다.
2 볶을 때 물을 많이 넣으면 탁해질 수 있으므로 물을 조금씩 넣는다.
3 수프는 색이 맑고 농도가 탁하지 않아야 하며, 200mL 이상을 제출한다.

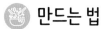

만드는 법

1 양파는 5cm 길이로 가늘게 채 썬다.

2 마늘, 파슬리는 곱게 다진다.

3 다진 마늘 + 버터 + 파슬리 + 파마산치즈를 섞어 바게트빵 한쪽 면에 발라 노릇하게 굽는다.

4 냄비에 버터를 두르고 양파를 갈색나게 볶다가 백포도주 1큰술과 물 1큰술씩 여러 번 나눠 타지 않게 볶는다.

5 양파의 색이 나면 물 2컵을 넣고 센불로 끓으면 불을 줄이고 거품을 제거한다.

6 거품을 제거한 냄비에 소금, 검은후춧가루 넣고 완성그릇에 담고 바게트빵과 함께 제출한다.

16 포테이토 크림 수프
Potato cream soup

NCS 양식
수프조리

30

시험시간 : 30분

🍳 요구사항

1 크루톤(crouton)의 크기는 사방 0.8cm~1cm로 만들어 버터에 볶아 수프에 띄우시오.

2 익힌 감자는 체에 내려 사용하시오.

3 수프의 색과 농도에 유의하고 200mL 이상 제출하시오.

 재료

- [ ] 감자(200g) 1개
- [ ] 대파(흰부분, 10cm) 1토막
- [ ] 양파(중, 150g) 1/4개
- [ ] 버터(무염) 15g
- [ ] 치킨스톡(물로 대체가능) 270mL
- [ ] 생크림(동물성) 20mL
- [ ] 식빵(샌드위치용) 1조각
- [ ] 소금(정제염) 2g
- [ ] 흰후춧가루 1g
- [ ] 월계수잎 1잎

👨‍🍳 합격 포인트

1 수프의 농도에 주의한다.

2 감자는 전분을 제거하고 투명하게 볶는다.

3 각각의 재료를 충분히 익혀 체에 곱게 내린다.

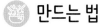

🍲 만드는 법

1

1. 감자는 얇게 편 썰어 찬물에 담가둔다.

2. 양파와 대파는 얇게 채 썬다.

3. 식빵은 사방 1cm 주사위 모양으로 썰고 버터 두른 팬에서 연한 갈색이 나도록 볶아 쿠루톤을 만든다.

4

4. 냄비에 버터를 두르고 대파, 양파 살짝 볶은 뒤 감자를 볶고, 육수를 붓고 월계수잎을 넣은 후 뚜껑을 덮고 푹 익힌다.

5. 감자가 익으면 월계수잎을 건져내고 고운체에 내린다.

5

6. 곱게 거른 감자를 냄비에 담고 생크림을 넣어 살짝 끓인 후 소금, 흰후춧가루로 간을 한다.

7. 완성그릇에 수프를 200mL 이상 담고 쿠루톤을 올려 완성한다.

용어공부

쿠루톤 : 작은 조각의 빵을 토스트 또는 튀겨서 스프와 또는 가니쉬로써 사용하는 것

17 브라운 스톡
Brown stock

🍳 요구사항

1 스톡은 맑고 갈색이 되도록 하시오.
2 소뼈는 찬물에 담가 핏물을 제거한 후 구워서 사용하시오.
3 당근, 양파, 셀러리는 얇게 썬 후 볶아서 사용하시오.
4 향신료로 사세 데피스(sachet d'epice)를 만들어 사용하시오.
5 완성된 스톡은 200mL 이상 제출하시오.

🥗 재료

- ☐ 소뼈(2~3cm, 자른 것) 150g
- ☐ 양파(중, 150g) 1/2개
- ☐ 당근(둥근 모양이 유지되게 등분) 40g
- ☐ 셀러리 30g
- ☐ 검은통후추 4개
- ☐ 토마토(중, 150g) 1개
- ☐ 파슬리(잎, 줄기포함) 1줄기
- ☐ 월계수잎 1잎
- ☐ 정향 1개
- ☐ 버터(무염) 5g
- ☐ 식용유 50mL
- ☐ 면실 30cm
- ☐ 다임(fresh, 2g 정도) 1줄기
- ☐ 다시백(10cm×12cm) 1개

 합격 포인트

1️⃣ 소뼈는 핏물을 제거하고 끓는 물에 데치지 않는다.

2️⃣ 스톡은 탁하지 않고 맑아야 하며, 진한 갈색으로 끓여내야 한다.

3️⃣ 스톡은 200mL 이상 담아낸다.

4️⃣ 소뼈의 기름을 깨끗하게 제거해야 스톡이 깨끗하게 나온다.

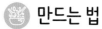

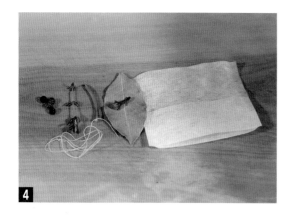

만드는 법

1 소뼈는 찬물에 담가 핏물을 뺀다.

2 양파, 당근, 셀러리는 균일하게 채 썬다.

3 토마토는 열십자 칼집을 넣어 끓는 물에 데쳐 껍질, 씨 제거 후 굵게 다진다.

4 파슬리줄기, 월계수잎, 통후추, 정향, 다임을 다시백에 담고 실로 묶어 사세 데피스를 만든다.

5 팬에 식용유를 두르고 기름덩어리와 막을 제거한 소뼈를 갈색이 나도록 굽는다.

6 팬에 버터를 두르고, 양파 → 당근 → 셀러리 순으로 갈색이 나게 볶다가 토마토를 넣고 물을 부어 끓으면 소뼈와 사세 데피스를 넣고 끓인다.

7 색이 우러나면 면포에 걸러 브라운 스톡을 200mL 이상 담아낸다.

용어공부

사세 데피스 : 향신료 주머니, 한식의 다시팩

18 쉬림프 카나페
Shrimp canape

NCS 양식
전채조리

30

시험시간 : 30분

🍽 요구사항

1 새우는 내장을 제거한 후 미르포아(Mirepoix)를 넣고 삶아서 껍질을 제거하시오.

2 달걀은 완숙으로 삶아 사용하시오.

3 식빵은 직경 4cm의 원형으로 하고, 쉬림프 카나페는 4개 제출하시오.

 ## 재료

- 새우(30~40g) 4마리
- 식빵(샌드위치용, 제조일로부터 하루 경과한 것) 1조각
- 달걀 1개
- 파슬리(잎, 줄기포함) 1줄기
- 버터(무염) 30g
- 토마토케첩 10g
- 소금(정제염) 5g
- 흰후춧가루 2g
- 레몬(길이(장축)로 등분) 1/8개
- 이쑤시개 1개
- 당근(둥근 모양이 유지되게 등분) 15g
- 셀러리 15g
- 양파(중, 150g) 1/8개

합격 포인트

1 마른 팬에서 식빵을 토스트 한다.
2 새우는 내장을 제거한 후 미르포아를 넣어 삶는다.
3 달걀은 노른자가 가운데 위치하도록 완숙으로 삶는다.

🦐 만드는 법

1 양파, 셀러리, 당근을 채 썬다.

2 새우는 내장을 제거하고 냄비에 물이 끓으면 미르포아(양파채, 당근채, 셀러리채, 레몬, 파슬리 줄기)를 넣고 새우 4마리를 머리째 넣고 삶아 식힌다.

3 냄비에 달걀 + 찬물 + 소금을 넣고 완숙으로 삶아 찬물에 담가 식힌다.

4 식빵을 직경 4cm의 원형으로 재단하고 마른팬에 앞, 뒤로 노릇하게 구워 한쪽 면에만 버터를 바른다.

5 삶은 달걀은 껍질을 벗기고 0.5cm 두께로 부서지지 않게 4개 썰어 준비한다.

6 식힌 새우의 껍질은 벗겨 등쪽에 칼집을 넣는다.

7 버터 바른 식빵 위에 삶은 달걀 → 새우 → 케첩+흰후춧가루 → 파슬리 순으로 올린다.

8 완성접시에 일정한 모양으로 4개를 보기 좋게 담아낸다.

[용어공부]

미르포아 : 양파, 당근, 셀러리를 2:1:1로 썩은 것으로 스톡, 수프, 스튜 등에 향미부여

19 스페니쉬 오믈렛
Spanish omelet

NCS 양식
조식조리

30

시험시간 : 30분

🍳 요구사항

1 토마토, 양파, 청피망, 양송이, 베이컨은 0.5cm의 크기로 썰어 오믈렛 소를 만드시오.

2 소가 흘러나오지 않도록 하시오.

3 소를 넣어 나무젓가락과 팬을 이용하여 타원형으로 만드시오.

🥣 재료

- ☐ 토마토(중, 150g) 1/4개
- ☐ 양파(중, 150g) 1/6개
- ☐ 청피망(중, 75g) 1/6개
- ☐ 양송이(1개) 10g
- ☐ 베이컨(길이 25~30cm) 1/2조각
- ☐ 토마토케첩 20g
- ☐ 검은후춧가루 2g
- ☐ 소금(정제염) 5g
- ☐ 달걀 3개
- ☐ 식용유 20mL
- ☐ 버터(무염) 20g
- ☐ 생크림(동물성) 20mL

합격 포인트

1️⃣ 오믈렛은 표면이 매끄러운 타원형으로 만든다.

2️⃣ 속이 터지거나 새지 않도록 한다.

3

4

6

🪴 만드는 법

1 양파, 청피망, 베이컨, 양송이는 사방 0.5cm 크기로 썬다.

2 토마토는 껍질과 씨를 제거한 후 0.5cm 크기로 썬다.

3 팬에 버터를 두르고 베이컨 → 양파 → 양송이 → 청피망 → 토마토 순으로 볶다가 토마토케첩을 넣고 소금, 검은후춧가루로 간을 한다.

4 달걀을 잘 푼 뒤 소금을 넣고 체에 내린다.

5 체에 내린 달걀에 생크림을 넣는다.

6 오믈렛 팬에 식용유 + 버터를 넣어 달구고, 달걀을 넣어 젓가락을 이용해 스크램블 에그를 만들고, 달걀이 반 정도 익으면 만들어 둔 속을 넣고 양 끝을 타원형으로 접어 럭비공 모양을 만들어 완성한다.

용어공부

스크램블 : 마구 저어서 거품을 일게 하거나, 볶는 등의 조작을 이르는 말

20 치킨 알라킹
Chicken a'la king

NCS 양식
육류조리

30

시험시간 : 30분

🧑‍🍳 요구사항

1 완성된 닭고기와 채소, 버섯의 크기는 1.8cm × 1.8cm로 균일하게 하시오.

2 닭뼈를 이용하여 치킨 육수를 만들어 사용하시오.

3 화이트 루(roux)를 이용하여 베샤멜소스(bechamel sauce)를 만들어 사용하시오.

재료

- ☐ 닭다리(한마리 1.2kg, 허벅지살 포함 반마리 지급 가능) 1개
- ☐ 청피망(중, 75g) 1/4개
- ☐ 홍피망(중, 75g) 1/6개
- ☐ 양파(중, 150g) 1/6개
- ☐ 양송이(2개) 20g
- ☐ 버터(무염) 20g
- ☐ 밀가루(중력분) 15g
- ☐ 우유 150mL
- ☐ 정향 1개
- ☐ 생크림(동물성) 20mL
- ☐ 소금(정제염) 2g
- ☐ 흰후춧가루 2g
- ☐ 월계수잎 1잎

 합격 포인트

1 재료는 일정한 크기로 썰고, 수프는 적절한 농도로 만든다.
2 치킨 스톡을 반드시 만들어 사용한다.

🌱 만드는 법

1 닭다리는 뼈와 살을 분리하고 껍질을 제거하여 2×2cm 크기로 썬다.

2 냄비에 버터를 두르고 닭뼈만 넣고 가볍게 볶다가 물을 부어 치킨 스톡을 만든다.

3 양송이는 껍질을 제거하고 4쪽 자르고, 청피망, 홍피망, 양파는 1.8×1.8cm로 썬다.

4 팬에 버터를 두르고 양파 → 양송이 → 청피망 → 홍피망 → 닭살 순으로 각각 볶는다.

5 냄비에 버터, 밀가루를 넣고 화이트 루를 만든 후 치킨 스톡, 우유, 부케가르니(양파, 월계수잎, 정향)를 넣어 베사멜소스를 만든다.

6 만든 소스에 닭고기, 볶은 채소, 생크림을 넣고 소금, 흰후춧가루로 간을 하고 부케가르니를 건져 완성그릇에 담아 완성한다.

용어공부

부케가르니 : 양파에 월계수잎, 통후추, 정향, 타임, 파슬리 줄기와 같은 것을 사용하여 만든 향초 다발

21 치킨 커틀렛
Chicken cutlet

NCS 양식
육류조리

30

시험시간 : 30분

🧑‍🍳 요구사항

1 닭은 껍질째 사용하시오.
2 완성된 커틀렛의 색에 유의하고 두께는 1cm 정도로 하시오.
3 딥팻후라이(deep fat frying)로 하시오.

 ## 재료

- [ ] 닭다리(한마리 1.2kg, 허벅지살 포함 반마리 지급 가능) 1개
- [ ] 달걀 1개
- [ ] 밀가루(중력분) 30g
- [ ] 빵가루(마른 것) 50g
- [ ] 소금(정제염) 2g
- [ ] 검은후춧가루 2g
- [ ] 식용유 500mL
- [ ] 냅킨(흰색, 기름제거용) 2장

합격 포인트

1 튀김온도에 주의하여 속까지 완전히 익히도록 한다.

2 닭은 껍질째 사용한다.

3 닭다리가 기름 속에 담가지게 하여 튀긴다.
    (재료양의 2~5배 정도가 적당)

🌱 만드는 법

1 닭다리는 뼈에서 살을 분리하고 껍질째 0.5cm 두께로 일정하게 펼치고 칼등으로 충분히 두드린 후 소금, 검은후춧가루로 밑간을 한다.

2 밑간한 닭에 밀가루 → 달걀물 → 빵가루 순으로 묻힌 후 꾹꾹 눌러 모양을 만든다.

3 기름이 160~170℃로 달궈지면 껍질이 먼저 바닥에 닿게 하여 딥팻후라이하고 완성 접시에 담아낸다.

22 스파게티 카르보나라
Spaghetti carbonara

NCS 양식
파스타조리

30

시험시간 : 30분

👨‍🍳 요구사항

1 스파게티 면은 al dante(알 단테)로 삶아서 사용하시오.

2 파슬리는 다지고 통후추는 곱게 으깨서 사용하시오.

3 베이컨은 1cm 정도 크기로 썰어, 으깬 통후추와 볶아서 향이 잘 우러나게 하시오.

4 생크림은 달걀노른자를 이용한 리에종(liaison)과 소스에 사용하시오.

스파게티 카르보나라 **71**

 ## 재료

- ☐ 스파게티면(건조 면) 80g
- ☐ 올리브오일 20mL
- ☐ 버터(무염) 20g
- ☐ 생크림(동물성) 180mL
- ☐ 베이컨(길이 25~30cm) 1조각
- ☐ 달걀 1개

- ☐ 파마산 치즈가루 10g
- ☐ 파슬리(잎, 줄기포함) 1줄기
- ☐ 소금(정제염) 5g
- ☐ 검은통후추 5개
- ☐ 식용유 20mL

 ### 합격 포인트

1 스파게티면은 알 단테로 삶는다.
2 리에종 소스의 달걀노른자가 익지 않게 유의한다.

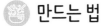 **만드는 법**

1 파슬리는 곱게 다지고, 통후추는 곱게 으깨고, 베이컨은 1cm 폭으로 채 썬다.

2 물이 끓으면 올리브오일 약간, 소금을 넣고 스파게티면을 알 단테로 삶는다.

3 생크림 3큰술, 노른자 1개, 소금을 약간 섞어 리에종 소스를 만든다.

4 팬에 올리브오일을 두르고 베이컨과 으깬 통후추를 넣고 볶다가 스파게티면을 넣고 볶는다.

5 볶던 팬에 생크림과 소금을 넣고 볶고 불을 끈 뒤 버터, 리에종 소스, 파마산 치즈가루, 파슬리 가루를 넣어 버무린다.

6 완성접시에 담아 파슬리 가루와 으깬 통후추를 뿌린다.

용어공부

알 단테 : 이탈리안 요리에서 사용되는 음식 용어로 파스타 음식을 중간정도로 설익힌 것. 씹는 맛이 나도록 면을 심이 있을 정도로 삶는 것

리에종 소스 : 소스나 수프를 걸쭉하게 하여 농도를 조절하고 풍미를 주며 농후제, 접착제 역할

23 참치타르타르
Tuna tartar

🍳 요구사항

1 참치는 꽃소금을 사용하여 해동하고, 3~4mm의 작은 주사위 모양으로 썰어 양파, 그린올리브, 케이퍼, 처빌 등을 이용하여 타르타르를 만드시오.

2 채소를 이용하여 샐러드 부케를 만들어 곁들이시오.

3 참치타르타르는 테이블 스푼 2개를 사용하여 퀜넬(quenelle) 형태로 3개를 만드시오.

4 채소 비네그레트는 양파, 붉은색과 노란색의 파프리카, 오이를 가로세로 2mm의 작은 주사위 모양으로 썰어서 사용하고, 파슬리와 딜은 다져서 사용하시오.

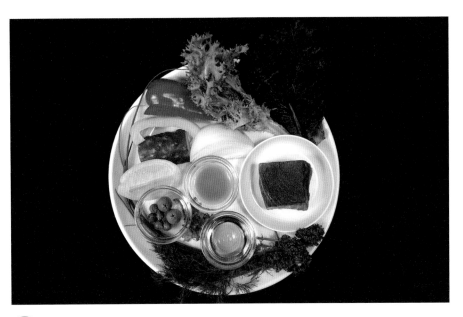

 ## 재료

- ☐ 붉은색 참치살(냉동지급) 80g
- ☐ 양파(중, 150g) 1/8개
- ☐ 그린올리브 2개
- ☐ 케이퍼 5개
- ☐ 올리브오일 25mL
- ☐ 레몬(길이(장축)로 등분) 1/4개
- ☐ 핫 소스 5mL
- ☐ 처빌(fresh) 2줄기
- ☐ 꽃소금 5g
- ☐ 흰후춧가루 3g
- ☐ 차이브(fresh, 실파로 대체 가능) 5줄기

- ☐ 롤라로사(꽃(적)상추로 대체 가능) 2잎
- ☐ 그린치커리(fresh) 2줄기
- ☐ 붉은색 파프리카(150g, 길이 5~6cm) 1/4개
- ☐ 노란색 파프리카(150g, 길이 5~6cm) 1/8개
- ☐ 오이(가늘고 곧은 것, 20cm, 길이로 반을 잘라 10등분) 1/10개
- ☐ 파슬리(잎, 줄기포함) 1줄기
- ☐ 딜(fresh) 3줄기
- ☐ 식초 10mL

합격 포인트

1 참치살은 미리 양념하면 참치색이 변하므로 담기 직전에 양념한다.

2 샐러드 부케는 형태를 잘 유지하도록 만들고, 참치타르타르를 일정한 크기로 썰어 만든다.

3 비네그레트는 뿌리기 전에 충분히 저어 올리브오일이 분리되지 않게 한다.

5

7

9

🍲 만드는 법

1 참치는 연한 소금물에 담가 해동시킨 후 면포에 싸두어 물기를 제거한다.

2 롤라로사, 그린치커리, 차이브는 찬물에 담가 싱싱해 지면 물기를 제거한다.

3 붉은색 파프리카 일부를 채 썰고, 나머지는 가로세로 2mm의 작은 주사위로 썬다.

4 오이는 돌려깎아 껍질부분은 비네그레트에 넣도록 따로 두고, 오이 속은 둥근 쪽에 구멍을 낸다.

5 롤라로사, 치커리, 데치지 않은 차이브, 채 썬 붉은색 파프리카를 데친 차이브로 묶어 샐러드 부케를 만들어 구멍 낸 오이에 끼워 고정시킨다.

6 참치는 3~4mm 주사위 모양으로 썰어 다진 양파, 다진 올리브, 다진 처빌, 반 자른 케이퍼, 레몬즙, 올리브오일, 핫 소스, 소금, 후추 약간을 넣어 버무려 참치타르타르를 만든다.

7 노란색 파프리카, 양파 1/2, 오이껍질부분을 가로세로 2mm의 작은 주사위로 썰고 파슬리와 딜은 다진 후 레몬즙, 식초, 후추, 소금, 올리브오일을 넣어 비네그레트를 만든다.

8 완성접시에 샐러드 부케를 올리고 퀸넬스푼을 이용하여 참치타르타르를 퀸넬 형태로 3개 만들어 담는다.

9 채소 비네그레트를 참치 주변에 보기 좋게 뿌려 완성한다.

24 서로인 스테이크
Sirloin steak

NCS 양식
육류조리

30

시험시간 : 30분

🍳 요구사항

1 스테이크는 미디움(medium)으로 구우시오.

2 더운 채소(당근, 감자, 시금치)를 각각 모양 있게 만들어 함께
내시오.

 ## 재료

- [ ] 소고기(등심, 덩어리) 200g
- [ ] 감자(150g) 1/2개
- [ ] 당근(둥근 모양이 유지되게 등분) 70g
- [ ] 시금치 70g
- [ ] 소금(정제염) 2g
- [ ] 검은후춧가루 1g
- [ ] 식용유 150mL
- [ ] 버터(무염) 50g
- [ ] 흰설탕 25g
- [ ] 양파(중, 150g) 1/6개

합격 포인트

1 불에서 겉면을 지진 후 약불에서 익혀야 육즙이 빠져나오지 않는다.

2 반드시 미디움으로 익힌다.

3 감자, 시금치, 당근의 모양과 각각의 조리법에 유의한다.

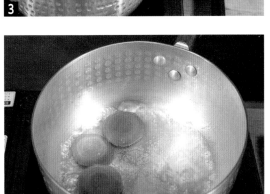

🍲 만드는 법

1 소고기는 손질하여 소금, 검은후춧가루로 밑간한다.

2 감자는 0.8×0.8×5cm 막대모양으로 썰고, 당근은 3~4cm 원형으로 두께 0.5cm 각을 돌려 깎아 비행접시모양(비쉬모양)을 만든다.

3 냄비에 물이 끓으면 소금을 넣고 감자, 당근, 시금치(줄기째) 순으로 데친다(감자는 찬물에 헹구지 않는다).

4 냄비에 물, 버터, 설탕, 소금 약간을 넣고 데친 당근을 넣어 윤기나게 조린다.

5 데친 감자는 160~170℃에서 노릇하게 튀긴 후 소금을 뿌린다.

6 데친 시금치는 5cm 길이로 썰고, 팬에 식용유를 두르고 다진 양파, 소금, 후추를 넣고 함께 볶는다.

7 팬에 식용유와 버터를 두르고 소고기의 양면을 노릇하게 지진 후 미디움 상태가 되도록 익힌다.

8 완성접시에 감자, 시금치, 당근을 담고 스테이크를 가운데 담아 완성한다.

25 토마토 소스 해산물 스파게티
Seafood spaghetti tomato sauce

🍳 요구사항

1. 스파게티 면은 al dante(알 단테)로 삶아서 사용하시오.
2. 조개는 껍질째, 새우는 껍질을 벗겨 내장을 제거하고, 관자살은 편으로 썰고, 오징어는 0.8cm × 5cm 크기로 썰어 사용하시오.
3. 해산물은 화이트와인을 사용하여 조리하고, 마늘과 양파는 해산물 조리와 토마토 소스 조리에 나누어 사용하시오.
4. 바질을 넣은 토마토 소스를 만들어 사용하시오.
5. 스파게티는 토마토 소스에 버무리고 다진 파슬리와 슬라이스한 바질을 넣어 완성하시오.

 ## 재료

- [ ] 스파게티면(건조 면) 70g
- [ ] 토마토(캔, 홀필드, 국물포함) 300g
- [ ] 마늘 3쪽
- [ ] 양파(중, 150g) 1/2개
- [ ] 바질(신선한 것) 4잎
- [ ] 파슬리(잎, 줄기포함) 1줄기
- [ ] 방울토마토(붉은색) 2개
- [ ] 올리브오일 40mL
- [ ] 새우(껍질있는 것) 3마리
- [ ] 모시조개(지름 3cm, 바지락 대체 가능) 3개
- [ ] 오징어(몸통) 50g
- [ ] 관자살(50g, 작은 관자 3개) 1개
- [ ] 화이트와인 20mL
- [ ] 소금 5g
- [ ] 흰후춧가루 5g
- [ ] 식용유 20mL

합격 포인트

1 스파게티 면은 알 단테로 삶아져야 한다.

2 해산물과 토마토 소스가 잘 어우러져야 하며, 소스의 색과 농도에 유의한다.

🍳 만드는 법

1 방울토마토는 2~4등분으로 썰고, 바질은 채 썰고, 마늘과 양파, 파슬리, 캔토마토는 곱게 다진다.

2 냄비에 물과 식용유, 소금을 넣고 끓으면 스파게티면을 넣어 알 단테로 삶는다.

3 새우는 내장과 껍질을 제거하고, 오징어는 0.8×5cm로 채 썰고, 관자는 얇은 막을 제거한 후 얇게 편으로 썬다.

4 냄비에 올리브오일을 두르고 다진 양파, 마늘, 캔토마토, 바질 순으로 넣고 끓이다가 소금과 흰후춧가루로 간을 해 토마토 소스를 만든다.

5 팬에 올리브오일을 두르고 다진 마늘과 다진 양파를 넣어 볶다가 손질한 해산물을 넣고 화이트와인을 넣어 조개 입이 벌어질 때까지 익힌다.

6 익힌 팬에 토마토 소스를 넣고 끓이다가 스파게티면을 넣어 버무린 후 방울토마토, 소금, 흰후춧가루를 넣어 완성한다.

용어공부

알 단테 : 이탈리안 요리에서 사용되는 음식 용어로 파스타 음식을 중간정도로 설익힌 것, 씹는 맛이 나도록 면을 심이 있을 정도로 삶는 것

7 완성접시에 담고 다진 파슬리와 채 썬 바질을 얹어 낸다.

26 시저 샐러드
Caesar salad

NCS 양식
샐러드조리

35

시험시간 : 35분

🍳 요구사항

1 마요네즈(100g 이상), 시저드레싱(100g 이상), 시저샐러드(전량)를 만들어 3가지를 각각 별도의 그릇에 담아 제출하시오.

2 마요네즈(mayonnaise)는 달걀노른자, 카놀라오일, 레몬즙, 디존 머스터드, 화이트와인식초를 사용하여 만드시오.

3 시저 드레싱(caesar dressing)은 마요네즈, 마늘, 앤초비, 검은후춧가루, 파미지아노 레기아노, 올리브오일, 디존 머스터드, 레몬즙을 사용하여 만드시오.

4 파미지아노 레기아노는 강판이나 채칼을 사용하시오.

5 시저 샐러드는 로메인 상추, 곁들임(크루통(1cm × 1cm), 구운 베이컨(폭 0.5cm), 파미지아노 레기아노), 시저 드레싱을 사용하여 만드시오.

🍲 재료

- ☐ 달걀(60g, 상온에 보관한 것) 2개
- ☐ 디존 머스타드 10g
- ☐ 레몬 1개
- ☐ 로메인 상추 50g
- ☐ 마늘 1쪽
- ☐ 베이컨 (길이 25~30cm) 1조각
- ☐ 앤초비 3개
- ☐ 올리브오일(extra virgin) 20mL
- ☐ 카놀라오일 300mL
- ☐ 식빵(슬라이스) 1쪽
- ☐ 검은후춧가루 5g
- ☐ 파미지아노 레기아노치즈(덩어리) 20g
- ☐ 화이트와인식초 20mL
- ☐ 소금 10g

합격 포인트

1 로메인 상추의 물기를 완전히 제거해야 드레싱이 겉돌지 않는다.

2 시저 샐러드, 마요네즈, 시저 드레싱을 모두 제출한다.

6

7

8

크루톤 : 작은 조각의 빵을 토스트 또는 튀겨서 수프에 넣거나 또는 가니쉬로 사용하는 것

 ## 만드는 법

1 로메인 상추는 깨끗이 씻어 찬물에 담가둔다.

2 마늘과 앤초비는 다지고, 베이컨은 폭 0.5cm로 썬다.

3 가장자리를 제거한 식빵은 1×1cm 정육면체로 썰고, 올리브오일을 두른 팬에 갈색이 나게 볶아 크루톤을 만든다.

4 팬에 올리브오일을 두르고 베이컨을 노릇하게 굽는다.

5 파미지아노 레기아노는 강판에 갈아 준비한다.

6 달걀은 노른자만 분리하여 카놀라오일을 조금씩 넣어가며 거품기로 분리되지 않게 저어주고 레몬즙과 화이트 와인 식초로 농도를 맞춘 후 디존 머스터드 일부를 섞어 마요네즈 100g을 제출용으로 담아둔다.

7 남은 마요네즈에 다진 마늘, 다진 앤초비, 파미지아노 레기아노 치즈가루, 올리브오일, 검은후춧가루와 소금 약간, 디존 머스타드, 레몬즙을 넣어 시저 드레싱을 만들고 제출용으로 100g을 담아둔다.

8 물기를 제거한 로메인 상추에 시저 드레싱 적당량을 넣어 버무린다.

9 시저 샐러드 위에 베이컨과 크루톤, 파미지아노 레기아노 가루를 얹어 완성하고, 마요네즈, 시저 드레싱과 함께 제출한다.

27 비프 콘소메
Beef consomme

NCS 양식
수프조리

40

시험시간 : 40분

🧑‍🍳 요구사항

1️⃣ 어니언 브루리(onion brulee)를 만들어 사용하시오.

2️⃣ 양파를 포함한 채소는 채 썰어 향신료, 소고기, 달걀흰자 머랭과 함께 섞어 사용하시오.

3️⃣ 수프는 맑고 갈색이 되도록 하여 200mL 이상 제출하시오.

재료

- [ ] 소고기(살코기, 갈은 것) 70g
- [ ] 양파(중, 150g) 1개
- [ ] 당근(둥근 모양이 유지되게 등분) 40g
- [ ] 셀러리 30g
- [ ] 달걀 1개
- [ ] 소금(정제염) 2g
- [ ] 검은후춧가루 2g
- [ ] 검은통후추 1개
- [ ] 파슬리(잎, 줄기포함) 1줄기
- [ ] 월계수잎 1잎
- [ ] 토마토(중, 150g) 1/4개
- [ ] 비프스톡(육수, 물로 대체 가능) 500mL
- [ ] 정향 1개

 합격 포인트

1 양파는 진한 갈색으로 충분히 구워 어니언 부르리를 만든다.

2 수프는 맑은 갈색으로 만들고, 200mL를 제출한다.

🍲 만드는 법

1 양파는 0.5cm 두께로 2~3쪽 정도 썰고 나머지는 곱게 채 썬다.

2 셀러리와 당근은 곱게 채 썬다.

3 토마토는 껍질과 씨를 제거한 후 굵게 다진다.

4 팬을 달군 후 양파 밑둥을 올려 갈색으로 구워 어니언 브루리를 만든다.

5 달걀흰자를 거품기로 쳐서 단단한 머랭을 만든다.

6 머랭에 채 썬 양파, 당근, 셀러리, 다진 소고기, 토마토, 통후추, 정향, 월계수잎, 파슬리 줄기를 넣어 골고루 가볍게 섞는다.

7 냄비에 물과 어니언 브루리를 넣은 후 재료를 넣어 섞어 둔 머랭을 도넛모양으로 가운데 뚫어주고 넣어 끓이고 마지막에 소금, 검은후춧가루를 넣어 간을 한다.

용어공부

어니언 브루리 : 양파를 가로방향으로 반으로 자르거나 채 썰어 팬과 같은 것을 이용하여 검은색으로 그을려서 굽는 방법. 불어로 브루리는 '불태우다'라는 뜻

8 끓이던 냄비에 수저를 넣어 투명해지면 면포에 걸러 완성그릇에 담아낸다.

28 비프 스튜

Beef stew

NCS 양식
육류조리

40

시험시간 : **40분**

요구사항

1 완성된 소고기와 채소의 크기는 1.8cm의 정육면체로 하시오.

2 브라운 루(brown roux)를 만들어 사용하시오.

3 파슬리 다진 것을 뿌려 내시오.

재료

- [ ] 소고기(살코기, 덩어리) 100g
- [ ] 당근(둥근 모양이 유지되게 등분) 70g
- [ ] 양파(중, 150g) 1/4개
- [ ] 셀러리 30g
- [ ] 감자(150g) 1/3개
- [ ] 마늘(중, 깐 것) 1쪽
- [ ] 토마토 페이스트 20g
- [ ] 밀가루(중력분) 25g
- [ ] 버터(무염) 30g
- [ ] 소금(정제염) 2g
- [ ] 검은후춧가루 2g
- [ ] 파슬리(잎, 줄기포함) 1줄기
- [ ] 월계수잎 1잎
- [ ] 정향 1개

합격 포인트

1 감자와 당근은 모서리를 둥글게 다듬고, 완전히 익혀야 한다.
2 스튜의 색과 농도에 유의한다.

🍳 만드는 법

1 소고기는 2cm 크기의 정육면체모양으로 썰어 소금, 검은후춧가루로 밑간한다.

2 감자, 당근은 1.8×1.8cm 정육면체모양으로 썰어 모서리를 살짝 다듬어 준비한다.

3 양파는 가로, 세로 1.8cm 모양으로 자르고, 마늘은 다진다.

4 셀러리는 섬유질을 제거한 후 사방 1.8cm 모양으로 자르고, 파슬리는 곱게 다진다.

5 소고기에 밀가루를 묻히고 버터 두른 팬에 노릇하게 굽는다.

6 팬에 버터를 녹인 후 밀가루를 넣고 브라운 루를 만든다.

7 냄비에 버터를 두르고 당근, 감자, 양파, 셀러리 순으로 볶다가 토마토 페이스트를 넣어 볶고, 물을 나누어 부은 후 브라운 루를 넣어 농도를 맞춘다.

8 소고기, 다진 마늘, 부케가르니(파슬리 줄기, 월계수, 정향, 양파속대)를 넣어 모든 재료기 익을 때까지 거품을 제거하며 끓인다.

9 비프스튜의 농도가 나면 부케가르니는 건져내고 소금, 검은후춧가루로 간을 하고 완성그릇에 담고 파슬리 다진 것을 뿌려 완성한다.

용어공부

부케가르니 : 양파에 월계수잎, 통후추, 정향, 타임, 파슬리 줄기와 같은 것을 사용하여 만든 향초 다발

29 바베큐 폭찹
Barbecued pork chop

 요구사항

1 고기는 뼈가 붙은 채로 사용하고 고기의 두께는 1cm로 하시오.

2 양파, 셀러리, 마늘은 다져 소스로 만드시오.

3 완성된 소스는 농도에 유의하고 윤기가 나도록 하시오.

 ## 재료

☐ 돼지갈비(살두께 5cm 이상,
　뼈를 포함한 길이 10cm) 200g

☐ 토마토케첩 30g

☐ 우스터 소스 5mL

☐ 황설탕 10g

☐ 양파(중, 150g) 1/4개

☐ 소금(정제염) 2g

☐ 검은후춧가루 2g

☐ 셀러리 30g

☐ 핫 소스 5mL

☐ 버터(무염) 10g

☐ 식초 10mL

☐ 월계수잎 1잎

☐ 밀가루(중력분) 10g

☐ 레몬(길이(장축)로 등분) 1/6개

☐ 마늘(중, 깐 것) 1쪽

☐ 비프스톡(육수, 물로 대체 가능)
　200mL

☐ 식용유 30mL

합격 포인트

1 돼지갈비의 포를 편편하게 뜨고 완전히 익혀야 한다.

2 주어진 재료로 소스를 만들고 농도에 유의한다.

🍲 만드는 법

1 돼지갈비는 기름과 막을 제거하고 찬물에 담가 핏물을 제거한다.

2 돼지갈비의 물기를 제거한 후 뼈가 붙은 상태에서 1cm 두께로 포를 뜬 후 잔 칼집을 넣고 소금, 후추를 뿌린다.

3 셀러리의 섬유질을 제거한 후 양파, 마늘과 같이 0.3cm 정도의 굵기로 다진다.

4 포 뜬 돼지갈비에 밀가루를 묻히고 식용유 두른 팬에 앞뒤가 노릇하게 지져낸다.

5 냄비에 버터를 두르고 다진 양파, 셀러리, 마늘을 볶다가 케첩을 넣고 볶은 후 물, 우스터 소스, 식초, 핫 소스, 황설탕, 레몬즙, 월계수잎을 넣고 끓인다.

6 소스가 끓으면 구운 돼지고기를 넣고 졸이다가 월계수잎을 건져내고 소금, 후추로 간을 한다.

7 완성접시에 돼지갈비를 담고 소스를 덮어 완성한다.

30 살리스버리 스테이크
Salisbury steak

NCS 양식
육류조리

40

시험시간 : 40분

요구사항

1 살리스버리 스테이크는 타원형으로 만들어 고기 앞, 뒤의 색을 갈색으로 구우시오.

2 더운 채소(당근, 감자, 시금치)를 각각 모양 있게 만들어 곁들여 내시오.

 ### 재료

- ☐ 소고기(살코기, 갈은 것) 130g
- ☐ 양파(중, 150g) 1/6개
- ☐ 달걀 1개
- ☐ 우유 10mL
- ☐ 빵가루(마른 것) 20g
- ☐ 소금(정제염) 2g
- ☐ 검은후춧가루 2g

- ☐ 식용유 150mL
- ☐ 감자(150g) 1/2개
- ☐ 당근(둥근 모양이 유지되게 등분) 70g
- ☐ 시금치 70g
- ☐ 흰설탕 25g
- ☐ 버터(무염) 50g

합격 포인트

1 고기가 타지 않도록 하며, 구워진 고기가 단단해지지 않도록 유의한다.

2 감자, 시금치, 당근의 모양과 각각의 조리법에 유의한다.

🍳 만드는 법

1 감자는 0.8×0.8×5cm 막대모양으로 썰고, 당근은 3~4cm 원형으로 두께 0.5cm 각을 돌려깎아 비행접시모양(비쉬모양)을 만든다.

2 냄비에 물이 끓으면 소금을 넣고 감자, 당근, 시금치(줄기째) 순으로 데친다(감자는 찬물에 헹구지 않는다).

3 냄비에 물, 버터, 설탕, 소금 약간을 넣고 데친 당근을 넣어 윤기나게 조린다.

4 데친 감자는 160~170℃에서 노릇하게 튀긴 후 소금을 뿌린다.

5 양파는 곱게 다져 반은 남겨놓고 나머지는 팬에 식용유를 두르고 수분이 제거될 정도로 살짝 볶아 놓는다.

6 데친 시금치는 5cm 길이로 썰고, 팬에 식용유를 두르고 다진 양파, 소금 후추를 넣고 함께 볶는다.

7 다진 소고기에 볶은 양파, 빵가루, 우유, 달걀물, 소금, 검은후춧가루를 넣어 잘 치댄 후 타원형 모양으로 빚는다.

8 팬에 식용유를 두르고 모양을 빚은 소고기를 앞뒤가 갈색이 나도록 속까지 완전히 익힌다.

9 완성접시에 감자, 시금치, 당근을 담고 스테이크를 가운데 담아 완성한다.